（专业园艺师的不败指南）

# 图解越冬番茄生产管理

张海利　孙　娟　著

中国农业出版社

北　京

# 目 录 CONTENTS

# PART 1
## 越冬番茄人气品种推荐
YUEDONG FANQIE RENQI PINZHONG TUIJIAN

## 番茄的分类

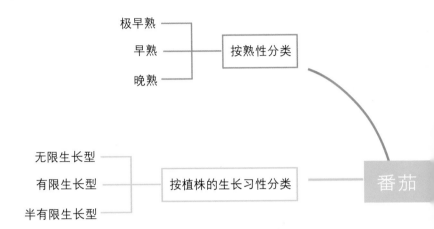

---

**备注**

1.有限生长型：植株长到一定节位，在主干3~5层花序封顶，生长点变成花序，不再向上生长，依靠叶片基部的腋芽或花序下部抽生侧枝生长，侧枝生长1~2个花序后顶端又变成花序而封顶，如此反复，再从叶腋形成侧芽生长。这类品种在长出花序后，一般间隔1~2叶长出一个花序。一般植株较矮，生长期较短，大多较早熟。株高1米左右，可进行双干或三干整枝，立较矮或简易的支架，或不立支架。适于早熟栽培，但适应性、抗逆性较差，产量也较低。该类型品种适宜作小棚或大棚栽培、露地简易支架密植栽培或无支架栽培。

2.无限生长型：主茎顶端不断开花结果，生长高度不受限制。这类品种的第一花序节位较高，多数品种通常在第7节位以上着生第一花序，花序间隔节位也较多，多在3叶以上。这类番茄植株高大，生育期长，果型大，产量高，品质优良，适应不良环境的能力较强，抗病性好。多为中晚熟品种。一般采用单干整枝法。在条件适宜的情况下，主枝高度可达2米以上，能结果十多穗，适宜作露地栽培或温室长周期栽培。

3.半有限生长型：半有限生长型是指具有无限生长趋势的有限生长类型的品种。

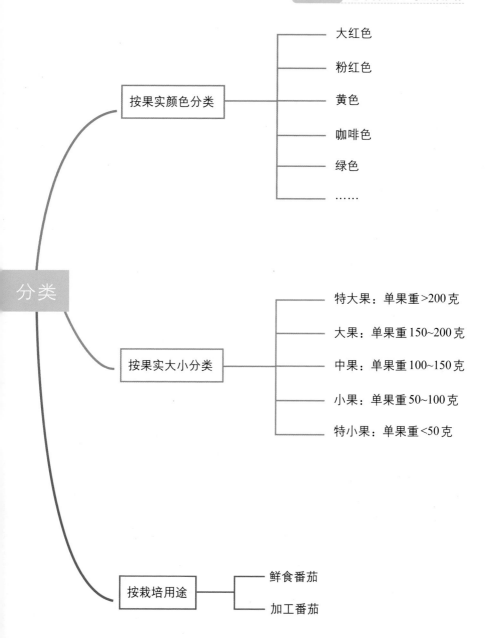

分类

按果实颜色分类
- 大红色
- 粉红色
- 黄色
- 咖啡色
- 绿色
- ……

按果实大小分类
- 特大果：单果重 >200 克
- 大果：单果重 150~200 克
- 中果：单果重 100~150 克
- 小果：单果重 50~100 克
- 特小果：单果重 <50 克

按栽培用途
- 鲜食番茄
- 加工番茄

**品种选择的关键**

在同类型番茄品种中，应选择更加优质、高产的番茄品种，从而获得优质优价。如果选择新品种，建议先小面积试种，观察番茄种植情况，再进行选择。

由于冬季气温低，严重影响番茄生长，病害发生加剧，因此越冬番茄栽培宜选用耐低温弱光、抗病性强、高产的品种。

1. **根据市场需求选择番茄品种**　例如，出口类型的番茄，要求果皮较厚，耐储运能力较强。还有一些特色番茄口感佳，虽然果皮比较薄，不耐储运，但是适合做订单农业。能够发挥区域优势、突出地域特色或满足不同生产基地所需的品种，将更受市场认可。

2. **选择与栽培茬口相适应的番茄品种**　有的番茄品种只适合春茬种植，不适合秋茬种植。例如，春茬番茄一般选择前期耐低温、弱光，结果期耐高温、强光，抗病性较强的品种。而秋茬番茄苗期处于高温季节，结果期处于低温季节，因此，要选择耐低温、弱光的品种。

3. **选择适应当地的自然环境或设施条件的品种**　例如，靠近沿海地区种植，要考虑风害，应选用茎秆粗、高度较矮、果皮较厚、果柄无离层的品种。

4. **选择适合自己技术水平的番茄品种**　不同的番茄品种抗病害能力不同。有些种植户可能会选择果型好、品质佳，但抗病能力稍差的番茄品种，这对于种植技术较高的种植户完全没有问题，但是对于一些缺乏种植经验的种植户而言，种植抗病性差的品种很可能会因管理不当造成番茄品质下降，甚至绝产绝收。

**人气品种介绍**

红果大番茄

## 齐达利

**植株类型**/无限生长型

**单果重**/200 ～ 220克

**成熟期**/中熟

**用途**/鲜食

**品种特性**/植株节间短，果实圆形偏扁，颜色美观，萼片舒展美观，果实硬度好，耐贮运。抗番茄黄化曲叶病毒病、花叶病毒病和黄萎病。

**栽培要点**/适宜北方秋延迟栽培和南方越冬茬栽培，为病毒病高发地区首选品种。每亩*1 800株，每穗留4个果。结果期温度控制在25 ～ 28℃，夜间最低温度控制在10℃左右。注意降低保花保果激素的使用浓度。

## 飞天

**植株类型**/无限生长型

**单果重**/160 ～ 200克

**成熟期**/早熟

**用途**/鲜食

**品种特性**/果实扁圆形，颜色漂亮，硬度高，大小适中，受收购者欢迎。连续坐果能力强，果实硬，货架期长，抗番茄黄化曲叶病毒、番茄黄萎病、斑萎病毒病、烟草花叶病毒病等。

**栽培要点**/适宜春、秋冬季栽培，每亩定植1 800株左右。

---

*亩为非法定计量单位，1亩=667米$^2$——编者注。　　　　　　　　　　· 5 ·

红果大番茄

## 忠诚

**植株类型/**无限生长型

**单果重/**180 ~ 250克

**成熟期/**中熟

**用途/**鲜食

**品种特性/**果实圆形，果色亮红，大果型。硬度好，货架期长。抗番茄枯萎病、番茄黄萎病、烟草花叶病毒病、番茄黄化卷曲病毒病。果实漂亮，商品性好，产量高，受收购者和种植者欢迎。

**栽培要点/**适合春、秋、冬季栽培。

## 迪利奥

**植株类型/**无限生长型

**单果重/**200克左右

**成熟期/**中早熟

**用途/**鲜食

**品种特性/**果实圆形偏扁，萼片舒展美观，无绿果肩，不易空心。果实大红色，色泽艳丽，口味佳。果实硬，耐储运。植株生长势中等，容易坐果。抗番茄黄化曲叶病毒病、叶霉病、枯萎病、黄萎病、烟草花叶病毒病。

**栽培要点/**适宜春、秋冬季栽培，每亩定植1 800株左右。

红果大番茄

## R-106 （以色列金卡拉/石头番茄）

**植株类型**/无限生长型

**单果重**/220 ~ 260克

**成熟期**/中熟

**用途**/鲜食

**品种特性**/果实硬，苹果形，大果可达重300克以上。品质好，口感佳，丰产。耐湿，耐花头，耐裂果。

**栽培要点**/适宜北方大棚越夏种植及南方高山露地栽培。

## 以色列6629

**植株类型**/无限生长型

**单果重**/280克

**成熟期**/中早熟

**用途**/鲜食

**品种特性**/抗病性强，产量较高，果皮硬，耐贮藏，货架期较长，果形周正，坐果率高且坐果整齐。

**栽培要点**/露地、保护地均可栽培。

## 倍盈

**植株类型/**无限生长型

**单果重/**239克

**成熟期/**中早熟

**用途/**鲜食

**品种特性/**果实均匀整齐，颜色鲜红，果面无棱沟，无茸毛，果顶微凹，果形扁圆形，硬度大，耐储运。抗番茄叶霉病、枯萎病、黄萎病、根腐病、灰霉病及病毒病。适应性强，产量高。

**栽培要点/**亩保苗2 000株左右，激素浓度（蘸花）比其他番茄兑水量应加大1/3 ～ 1/2。

## 巴菲特

**植株类型/**无限生长型

**单果重/**250 ～ 300克

**成熟期/**中早熟

**用途/**鲜食

**品种特性/**植株长势旺盛，连续坐果力强。果实扁圆形，硬度高，萼片舒展美观，可串收。果色鲜红，转色一致。耐储运，产量高，亩产可达22 000千克，耐低温，高抗番茄叶霉病、烟草花叶病毒病等。

**栽培要点/**适宜早春、秋延迟及越冬保护地栽培。

红果大番茄

## 瓯秀806

**植株类型/**无限生长型

**单果重/**150 ~ 170克

**成熟期/**晚熟

**用途/**鲜食

**品种特性/**植株生长势较强。果实扁圆形，成熟果大红色，色泽较好。耐储运性好，连续坐果能力强，高抗番茄黄化曲叶病毒病。

**栽培要点/**适宜播种期为7月中旬至8月中旬，定植密度2 000株/亩左右，每穗留果3 ~ 4个。严格单干整枝，随着植株生长，不断减去老叶、病叶。

## 荷兰丹尼斯8号

**植株类型/**无限生长型

**单果重/**200克

**成熟期/**中早熟

**用途/**鲜食

**品种特性/**石头型硬果，连续坐果力强，产量高。果实圆形，五星萼片，无青肩，果实大小均匀，果色鲜红亮丽。具有耐热、耐涝、耐低温、耐裂果，抗番茄黄化曲叶病毒病、线虫病、青枯病、早疫病和晚疫病。

**栽培要点/**日光温室定植2 500株左右，冷棚及露地2 800 ~ 3 200株，及时疏花疏果，每穗留3 ~ 4个果。

红果大番茄

## 天禄1号

**植株类型/**无限生长型

**单果重/**220 ～ 250克

**成熟期/**中早熟

**用途/**鲜食

**品种特性/**适应性强，易栽培管理，长势强，产量高。果型高圆，硬度高，货架期长，精品率高。抗番茄黄化曲叶病毒病、烟草花叶病毒病，耐根结线虫。

**栽培要点/**适宜秋延保护地栽培。建议定植1 900 ～ 2 000株/亩，可根据不同栽培方式选择合适的定植株数。结果期要加强肥水供应，水分管理遵循"见干见湿，少量多次"的原则，一般白天保持在20 ～ 30℃，夜晚保持在12 ～ 15℃。单干整枝，及时蘸花。

## 东风1号

**植株类型/**无限生长型

**单果重/**260克

**成熟期/**中早熟

**用途/**鲜食

**品种特性/**硬度好，耐储运，商品率高，萼片美观，货架期长。抗番茄黄化曲叶病毒病、叶霉病等病害，适应性强，易栽培管理。

**栽培要点/**适于秋延、越冬、早春保护地栽培。

粉果大番茄

## 金棚1号

**植株类型**/无限生长型

**单果重**/200 ~ 250克

**成熟期**/早熟

**用途**/鲜食

**品种特性**/植株生长势中等。坐果能力强，果实高圆形，大小均匀。肉厚，心室多，耐储运。抗番茄叶霉病、烟草花叶病毒病、番茄枯萎病，高感番茄黄化曲叶病毒病、根结线虫病，抗热、耐寒性较好。

**栽培要点**/适宜春季保护地早熟栽培和秋延后栽培。

## 富山2号

**植株类型**/无限生长型

**单果重**/350克

**成熟期**/中早熟

**用途**/鲜食

**品种特性**/长势旺盛，叶量中等，花量大，连续坐果能力强，果个均匀整齐，果色亮丽，硬度好，货架期长，精品果率高，抗逆性强，适应性广。在低温弱光下畸形果少，产量高。高抗番茄早、晚疫病。

**栽培要点**/适宜保护地和露地种植。

**粉果大番茄**

## 金棚11

**植株类型/** 无限生长型

**单果重/** 200～250克

**成熟期/** 早熟

**用途/** 鲜食

**品种特性/** 抗番茄黄化曲叶病毒病、南方根结线虫。商品性好，均匀度较高。果实硬度好。长势好。连续坐果能力强。有老番茄酸、甜、沙的口感。

**栽培要点/** 适宜番茄黄化曲叶病毒病流行地区的日光温室、大棚越冬、春提早栽培。

**樱桃番茄**

## 亚非1号

**植株类型/** 无限生长型

**单果重/** 15克

**成熟期/** 早熟

**用途/** 鲜食

**品种特性/** 果实正圆球形，鲜艳的柠檬黄，酸甜适中，口感好。主茎6～7叶着生第一花序，花序总状或复总状，每花序结果50～60个，多的可达100个，以后每隔2片叶出现花序。综合抗病性较好。

**栽培要点/** 适合春秋保护地、越冬大棚及露地栽培，亩产量5 000千克左右。

樱桃番茄

## 蟠桃

**植株类型** / 无限生长型

**单果重** / 25克

**成熟期** / 中熟

**用途** / 观赏兼鲜食

**品种特性** / 果实高圆形或圆形，粉红色，富有光泽，硬度好，耐裂。完全成熟糖度可以10度。花穗丰富整齐，连续坐果性好，单穗坐果可达20个。萼片不易脱落，耐运，转色全面，商品外观优秀。抗该品种克服了粉果小番茄不抗裂，不耐贮运，易脱把的缺点。抗番茄花叶病毒病和叶霉病。

**栽培要点** / 因果形美观，品质好，糖度高，非常适合观光农家乐。适宜于保护地越冬及早春栽培。

## 粉贝贝

**植株类型** / 有限生长型

**单果重** / 15 ～ 20克

**成熟期** / 早熟

**用途** / 鲜食

**品种特性** / 植株长势旺盛，果实圆形至高圆形，低温环境下底部略尖，色泽亮，硬度好，耐裂耐运，萼片舒展，且不易脱落。果肉硬度好，口感微甜，品质上乘，商品性高。中抗番茄叶霉病、枯萎病、根结线虫病，抗番茄花叶病毒，感番茄黄化曲叶病毒，耐低温，抗逆性强。

**栽培要点** / 本品种长势很旺盛，前期需控秧栽培，双干整枝，防止发生徒长旺长，亩定植1 800株左右。

## 凤珠

**植株类型** / 无限生长型

**单果重** / 16克

**成熟期** / 早熟

**用途** / 鲜食

**品种特性** / 果实长椭圆形，果肩下方分布 2 ~ 4 个凹坑，外形不饱满，成熟果实红色，肉质细致，风味甜美，含糖量高。植株生长势、耐寒性和抗病性均较强，耐病毒病，抗根结线虫和枯萎病。

**栽培要点** / 辽宁省越冬栽培11月上旬至12月上旬播种，其他地区播种可视当地气候条件和栽培方式适当调整播种期，采用双干整枝，每亩栽培密度1 500 ~ 1 800株。定植前施足底肥，每亩施腐熟农家肥2 500千克以上。

## 黄妃

**植株类型** / 无限生长型

**单果重** / 15 ~ 20克

**成熟期** / 早熟

**用途** / 观赏兼鲜食

**品种特性** / 植株长势强，耐低温、弱光，产量高，商品性佳，果实长卵圆形，亮黄色，果形整齐，皮硬肉厚，耐贮耐运，着色一致，酸甜可口，非常适合鲜食。

**栽培要点** / 适宜我国各种保护地和露地栽培。结果前控水壮秧，第一花序分化是避免10℃以下的低温。

# 浙樱粉1号

**植株类型**/无限生长型

**单果重**/18克

**成熟期**/早熟

**用途**/鲜食

**品种特性**/果实粉红，形似樱桃，商品性表现极佳。生长势强。幼果淡绿色、有绿果肩，待成熟时，又呈粉红色，且着色一致、色泽良好。果实糖度高达9度以上，糖酸搭配合理，鲜味十足。

**栽培要点**/栽培密度约2 000株/亩，基肥重施有机肥，加强根外追施硼肥和钙肥，栽培中可不用人工激素点花，适当控水，秋季栽培注意番茄黄化曲叶病毒病的防控。

# 黑妃20

**植株类型**/无限生长型

**单果重**/18～22克

**成熟期**/早熟

**用途**/观赏兼鲜食

**品种特性**/果实球形，紫黑色。口感佳，着色优良，糖度高，收获整齐度好，抗病性强。

**栽培要点**/适宜温度19～30℃，对于土壤的适应性强，但不适宜栽培于低湿排水不良的黏重土壤，适合保护地栽培。

樱桃番茄

## 千禧

**植株类型**/无限生长型

**单果重**/14克

**成熟期**/早熟

**用途**/鲜食

**品种特性**/植株长势极强，生长健壮，抗病性强，适应范围广。果柄有节，果实排列密集，单穗可结14～25个果，单株坐果量大，果实圆球形，果肉厚，果色鲜红艳丽，风味甜美，不易裂果，产量高，采收期长。

**栽培要点**/栽培上应轮作，注意防治番茄枯萎病、青枯病、病毒病等病害。

## 黄妃

**植株类型**/无限生长型

**单果重**/120克

**成熟期**/早熟

**用途**/鲜食

**品种特性**/植株生长强健，果实长卵圆形，橘黄色，硬度好，不裂果，耐贮运。单穗结果8～12个可串收。抗病性好，产量高。

**栽培要点**/适宜秋迟、越冬、早春护地栽培。

# PART 2

## 越冬大棚番茄特点

YUEDONG DAPENG FANQIE TEDIAN

**越冬番茄标准化种植的正常长势**

| 苗　期 | 生长前期 | 生长中期 | 生长后期 |
|---|---|---|---|
| 9月5日~ 10月10日 | 10月11日~ 11月30日 | 12月1日~ 翌年3月15日 | 3月16日~ 6月30日 |
| 苗齐、苗壮，子叶饱满根系发达 | 长势健壮，节间适中，开花正常，无病虫害 | 叶片浓绿，开花好、无空行，果形正、色度好，基本无病害发生 | 无早衰现象，产量高且稳定，基本无病虫害发生 |

越冬番茄整个生长期为10个月，自9月开始，至翌年6月底结束。

 **越冬番茄栽培全过程**

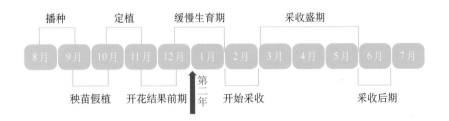

## 🍅 越冬番茄正常生理指标

**植株**

🍃 粗壮不徒长

🍃 瓜秧密、直立

🍃 无病虫害

**叶片**

🍃 叶片直径30～35厘米，颜色浓绿

🍃 叶柄长度30～35厘米，柔软

🍃 无病虫害

**果实**

🍃 果实直径8～10厘米

🍃 果形周正

🍃 着色均匀

🍃 光泽度高

**花**

- 早上7：00 ～ 11：00开放

- 花大

- 颜色鲜黄

**茎**

- 节间2 ～ 2.5厘米

- 主茎粗1.5厘米

- 叶茎长35厘米

**根系**

- 根系旺盛

- 入土深35厘米以上

- 毛细根无损坏

- 无线虫危害

# PART 3
# 精细的土壤标准化管理

JINGXI DE TURANG BIAOZHUNHUA GUANLI

# 土壤要求

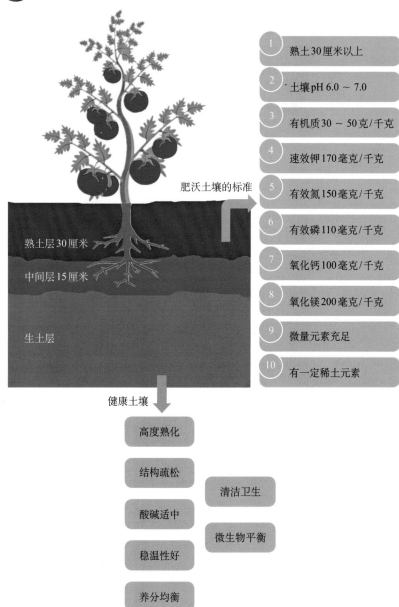

肥沃土壤的标准

① 熟土30厘米以上

② 土壤pH 6.0 ~ 7.0

③ 有机质30 ~ 50克/千克

④ 速效钾170毫克/千克

⑤ 有效氮150毫克/千克

⑥ 有效磷110毫克/千克

⑦ 氧化钙100毫克/千克

⑧ 氧化镁200毫克/千克

⑨ 微量元素充足

⑩ 有一定稀土元素

熟土层30厘米

中间层15厘米

生土层

健康土壤

高度熟化

结构疏松

酸碱适中

稳温性好

养分均衡

清洁卫生

微生物平衡

# 🍅 粗放管理导致的土壤问题

   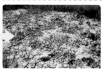

| 土壤板结 | 土壤盐渍化泛绿 | 土壤盐渍化泛红 | 土壤盐渍化泛白 |

**一种不良的习惯最终会导致一个恶果！**

| 超量使用化肥 | 土壤板结 | 土壤败坏盐渍化 |
|---|---|---|
| 经验用肥 | 营养不良 | 缺素、元素积累中毒 |
| 使用土粪 | 病虫害传播载体 | 病虫害严重、氨气危害 |
| 连作种植 | 重茬、有害物质积累 | 生长不良、死棵烂蔓 |

经济效益越来越差

 大棚越种效益越差，种菜的根本出路在哪里？

# 🍅 新棚土壤管理

**1. 新建大棚土壤状况**　①土壤洁净无污染。②较少熟土层，无有益菌群。③土壤板结。④土壤贫瘠。

**2. 新棚番茄长势情况**　①病虫害不易发生。②根系不发达。③营养失衡。④产量低。

**3. 新棚土壤改良流程**

| 新棚土壤 | 使用有机肥<br>补充有益菌 | 执行番茄<br>配方施肥方案 | 使用植物生长复<br>壮剂疏松土壤 | 健康土壤 |

### 4. 新棚标准配方底肥（亩用量）

| 肥料种类 | 优质圈肥 | 沃地菌宝 | 蔬菜专用基肥 | 动力钾 | 精品全微肥 | 海洋活性钙 | 植物生长复壮剂 |
|---|---|---|---|---|---|---|---|
| 说明 | 发酵腐熟 | 翻地前喷施 | 氮、磷、钾三元复合肥 15-15-15 | 蔬菜专用肥 | 全营养微肥 | 补充中量元素 | 提升植物免疫力 |
| 用量 | 15～20 立方米 | 7～8瓶 | 100～150 千克 | 40千克 | 10～20 千克 | 100千克 | 10升 |

✎ ①底肥在定植前15天施入，与土壤充分混合，施入后将畦整好并灌小水。②底肥施入时应深翻30厘米以上，如使用旋耕机械，在旋耕土壤之后必须再次深翻。③植物生长复壮剂在定植后随水冲施。

**小窍门**

### 生粪发酵腐熟有机肥制作方法

整地前2～3个月准备好粪肥，在棚头挖一浅坑，将生粪倒入浅坑，按每立方米2～3千克的用量加入腐熟型沃地菌宝，发酵时腐熟剂与粪要搅匀，水分含量调节到65%～75%，如果湿度过大可加入作物秸秆，然后用薄膜盖严，发酵2～3月。经发酵处理后粪臭味减轻，蛆虫减少，养分齐全，有益菌大量繁殖，不易出现熏苗、烧苗现象。

## 🍅 老棚土壤改良（8月）

### 1. 老棚土壤改良流程

| 土壤分析 | 土壤改良 | 土壤修复 | 配方施肥 |
|---|---|---|---|
| 🌱棚龄 | 🌱高温闷棚法 | 🌱补充有益菌群 | 🌱用足有机肥 |
| 🌱地力情况 | 🌱石灰高温闷棚法 | 🌱壳聚糖有助于土壤修复 | 🌱平衡氮、磷、钾 |
| 🌱物理性状 | 🌱土壤药剂消毒法 | | 🌱平衡中量元素 |
| 🌱病虫害 | | | 🌱补充微量元素 |

平净、疏松、营养平衡的健康土壤

## 2. 普通大棚标准化施肥方案（亩用量）

| 优质圈肥 | 沃地菌宝 | 蔬菜专用肥 | 动力钾 | 精品全微肥 | 海洋活性钙 | 植物生长复壮剂 |
|---|---|---|---|---|---|---|
| 发酵腐熟 | 翻地前喷施 | 氮、磷、钾三元复合肥 15-15-15 | 蔬菜专用肥 | 全营养微肥 | 补充中量元素 | 提升植物免疫力 |
| 12～15立方米 | 5～6瓶 | 100千克 | 30千克 | 10～20千克 | 100千克 | 10升 |

## 3. 种植棚龄较长、重茬连作的温室特点

①土壤盐害重。②土壤板结。③养分不平衡。④土传病菌多。⑤虫害危害重。⑥有机质严重缺乏。⑦有益微生物缺乏。

# 🍅 土壤的改良方法（7月上旬）

## 1. 土壤改良项目

| 土壤状况 | 高温闷棚 | 使用生石灰 | 农药杀菌、杀虫 | 壳聚糖修复 | 补充有益菌 | 阿维蛋白有机肥 |
|---|---|---|---|---|---|---|
| 板结严重 | ★ | | | ★ | ★ | |
| 酸化严重 | ★ | ★ | | ★ | ★ | |
| 盐渍化严重 | ★ | | | ★ | | |
| 病害、死棵 | ★ | | ★ | ★ | ★ | |
| 虫害严重 | ★ | | ★ | ★ | ★ | ★ |

📝 ★表示必须进行的改良项目，例如，板结严重土壤必须进行高温闷棚、壳聚糖修复、补充有益菌3个关键技术。

## 2. 夏季歇茬时土壤综合改良法

清理棚内秸秆杂物

根据情况施入

| 菌线克 | 生石灰<br>（酸化土壤） | 杀菌剂<br>（病害严重） |

深翻30厘米 ➡ 大水漫灌 ➡ 覆盖农膜 ➡ 闭棚高温闷15天 ➡ 施入有机肥 ➡ 施入有益菌 ➡ 施入标准化配套肥

平整土地放心种植

土壤改良之前进行测土和土壤综合分析。

### 3.生石灰土壤消毒流程

清理土壤　　　　　粉碎石灰　　　　　均匀撒施

大水灌溉　　　　　深翻土壤

**4.土壤处理后的补菌是关键**　温室大棚使用生粪造成土传病害（如根腐病、枯萎病、立枯病、根结线虫病）越来越严重，是因为生粪中含有大量的病菌和寄生虫，使用时不进行发酵处理就直接使用或者沤制使用，病菌和寄生虫不断地繁殖，土壤养分在不断流失，给土壤造成了极大危害。

（1）自制微生物菌肥。生粪提前备制，然后每4立方米粪加入沃地菌宝腐熟剂1千克。发酵时要注意发酵剂与粪尽量搅拌均匀，然后用薄膜盖严。5～7天后打孔，发酵20天左右，经过发酵处理的粪臭味减轻、蛆虫减少、养分齐全、活性菌大量繁殖，可减少熏苗、烧苗现象。

（2）粪肥提前15天施入土壤，撒施粪肥后每亩地使用沃地菌宝5～8千克（可根据粪肥用量适当调整用量）喷施在粪肥表面，将其他标准化肥料一起施入后，将土壤深翻25～30厘米，使粪肥在土壤中快速发酵腐熟。

（3）定植后全棚补菌。番茄定植后第一天每亩地随水冲施沃地菌宝补菌剂5～8千克，使有益菌群在土壤中快速扩繁，抑制病菌的滋生，达到控制病害，改良土壤的目的。

## 🍅 相关肥料介绍及使用方法

1. **海洋活性钙**　以海洋生物为原料，运用现代生物工程和酶工程技术有机螯合而成的微生物菌肥。每克含有益菌3 000万个以上。富含大量纳米级碳酸钙，壳聚糖，特性蛋白，镁、钡、锶、铜、铁、锌、钼等中微量元素，有益元素及EM微生物菌群，不但能给作物提供丰富的钙，缓解因缺钙造成的生理病害，而且能促进土壤团粒结构的形成，改良酸性土壤，改善土壤理化性状，提高作物抗病、抗重茬能力和抗逆性，具有显著的营养增效作用。

2. **沃地菌宝**　是山东思远农业开发有限公司生产的一款微生物菌肥，富含植物乳杆菌、氨基酸、糖化酶、氧化酶、植酸酶、地衣芽孢杆菌衍生物等，在抗重茬、降盐害、促吸收、提产量等方面效果突出。

使用方法：

（1）冲施。每亩地2～3桶（1桶约5升），可与其他标准化配套产品配合施用；在作物生长每个时期均可应用，建议从结果初期至结果后期每个时期应用一次。

（2）蘸根。按照1∶50倍稀释，预防苗期病害。

（3）喷施。稀释100～150倍叶面喷施，营养叶片，增强抗病能力。

（4）发酵肽素活蛋白。用沃地菌宝1升可以发酵1袋肽素活蛋白，可充分提高肥料的吸收利用率，增强有益菌的活力，改良土壤。

3. **肽素活蛋白**　由山东思远农业开发有限公司推出的一款全功能性有机肥料产品，在改良土壤、生根养根、健壮植株、促进膨果、改善品质等方面表现突出。

使用方法：

（1）做底肥。亩用10袋。

（2）穴施抓窝或包沟。穴施抓窝亩用2袋、包沟4～5袋。

（3）冲施。亩用2～3袋。

4. 动力钾　采用进口高纯度氮、磷、钾为主要原料，优化配比而成。高起点、高纯度、高浓度、速效稳效。速溶、全溶，1～2小时可吸收，两天见效。促进作物营养平衡。有效防止土壤和产品的污染，是生产绿色无公害农产品的首选肥料之一。

使用方法：

（1）幼苗期15～20天施肥一次，每亩每次3～6千克，兑水600～800倍稀释施用。

（2）生长中后期每10～15天施肥一次，每亩每次8～12千克，兑水600～800倍稀释施用。

5. 植物生长复壮剂　由山东思远农业开发有限公司推出的一款富含甲壳素的液体肥料。可增强抗逆性、复壮植株、促进生根、促进分化、改良土壤、改善环境、促进吸收、抑制线虫。

使用方法：

（1）冲施。定植后缓苗水（第二水）冲施，作为植物防疫，每亩冲施2桶（约10升）。

（2）灌根。80～100毫升兑水15千克进行灌根。

（3）喷施。苗期80～100毫升兑水15千克。成株期150～300毫升兑水15千克，高温时期作物生长旺盛的阶段喷施剂量可加大到300～1 000毫升（喷施剂量应逐渐加大）。间隔10～15天喷施一次，连续喷施效果更佳。

番茄要求较强的光照强度，而越冬番茄在整个开花坐果期，光照强度和光照时间在一年中是最弱的。此阶段管理的重点是增加光照时间、增加光照强度、改善光照分布不匀。通过以下方法改善：一是膜应选用透光好的无滴膜，并注意及时清除膜上面吸附的灰尘。二是垂挂反光幕。三是草苫应早揭晚盖，注意阴天抢光照时间。在天气晴朗时，及时揭开大棚覆盖物，给番茄作物补光。一般上午9点揭帘，下午4点关帘为最佳，以确保棚内番茄有足够的光照进行光合作用。即使遭遇阴雨天，也要利用中午温度较高时，让番茄见光至少一小时，防止光照不足对番茄的生长造成损害。

 ## 仔细阅读农药标签

　　农民朋友在购买农药时，要认真查看贴在农药上的标签，包括名称、含量、剂型、三证号、生产单位、生产日期、农药类型、容量和重量、毒性标识等。为了安全生产以及您的健康，请认真阅读标签，按照标签上的使用说明科学合理地使用农药。

# PART 4
## 精细的种苗标准化管理
JINGXI DE ZHONGMIAO BIAOZHUNHUA GUANLI

## 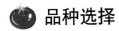 品种选择

选择耐低温、耐弱光、早期产量高、抗病性强、耐贮运、高产优质的品种，近几年在我国南方如浙江等许多番茄产区，番茄黄化曲叶病毒病、番茄细菌性髓部坏死病、番茄茎基腐病发生较为严重，且防治困难。因此在这些病害高发地区，品种选择时需谨慎。

## 育苗设施选择

根据季节不同选用单栋大棚、连栋大棚、小拱棚、露地等育苗设施，夏秋育苗应配有防雨、遮阳设施。采用穴盘育苗或工厂化育苗，并对育苗设施进行消毒处理。

正规种子包装标示清楚、证号齐全，销售方可开具发票、签订合同。

**拓展阅读**

**如何选购种子**

1.正规生产单位生产的种子，包装物表面印有商标及文字说明，有的还有防伪标记。

2.包装物内外应有标签，标签上注明种子的类别、品种名称、产地、质量指标、检疫证编号、生产许可证编号、经验许可证编号或者进口审批文号等内容。

3.购买种子应与供应商签订质量保证合同，以维护自身权益。

## 适期播种

温州地区越冬茬番茄栽培，8～9月育苗，10～11月定植，翌年1月上旬开始采收，2～4月为盛收期，6月中下旬拉秧。近年来，由于番茄黄化曲叶病毒病的大发生，再加上台风季节多在8～9月，建议农户适当延迟播种期至9月中下旬较为适宜，适当晚播也可以在

一定程度上预防青枯病的发生。其他地区播种可视当地气候条件适当
调整。

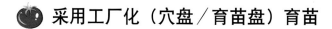 ## 采用工厂化（穴盘／育苗盘）育苗

选用50孔或者72孔育苗盘。基质使用市售番茄育苗专用基质。覆
盖料一律用蛭石。

采用育苗盘播种搬移方便，播种后放在室内，出苗后移至屋外或
大棚内培育。

### 工厂化育苗的优点

1.省时。工厂化育苗可以省去大量育苗时间，有足够时间进行夏季土壤处理。

2.省力。省去育苗期间的大量劳动力。

工厂化育苗集中防虫，防病，保证育苗质量。

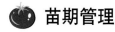 ## 播种

在播种前，将装好基质的穴盘摆放在苗床上，浇足底水，待水渗
后即可播种。播种后，立即盖上厚度为2～3毫米厚的蛭石。冬春季可
加盖小拱棚，夏秋季床面上覆盖遮阳网，保湿出苗。当床面有芽顶出
时，揭掉覆盖物。

## 苗期管理

### 1.番茄的苗期正常环境管理

| 项目 | 时间 | 白天温度 | 夜间温度 | 最低温度 | 湿度 | 病害防治 | 虫害防治 |
|------|------|----------|----------|----------|------|----------|----------|
| 播种 | 第1天 | 25～30℃ | 18～20℃ | 15℃ | 90%～95% | — | 鼠害 |
| 出苗期 | 第3～5天 | 22～25℃ | 12～15℃ | 12℃ | 85% | 猝倒病 | — |

（续）

| 项目 | 时间 | 白天温度 | 夜间温度 | 最低温度 | 湿度 | 病害防治 | 虫害防治 |
|---|---|---|---|---|---|---|---|
| 苗期 | 第5～12天 | 20～22℃ | 12～14℃ | 12℃ | 80%～85% | — | 白粉虱 |
| 定植前期 | 第15～20天 | 16～25℃ | 10～12℃ | 尽量降低 | 75%～85% | — | 菜青虫 |

| | | |
|---|---|---|
| **培育壮苗** | 及时撤出地膜 | 播种4～5天后每天观察出苗情况，发现出苗及时去除地膜（傍晚进行），否则容易出现高脚苗 |
| | 合理控制水分 | 出苗后及时加大通风，降低温度，避免因夜间温度过高而徒长，从而形成高脚苗影响产量。夜间温度10～12℃为宜 |
| | 喷施植物生长复壮剂 | 两片子叶形成后，即可喷施稀释300～500倍液的植物生长复壮剂，两叶一心时喷施第二次。以增强苗期抗病能力，培育壮苗 |
| | 控制昼夜温差 | 出苗期需要大量水分。底水要浇足，育苗盘育苗可定期喷洒清水 |
| | 定植前炼苗 | 定植前8～10天进行低温炼苗。白天温度控制在15～25℃，夜间温度降至6～8℃，让育苗环境与定植后的生长环境基本一致 |

**2.壮苗标准** 苗色浓绿，叶片肥厚，茎秆粗壮，节间短有韧性，不易折断，株高15～20厘米，茎粗约0.6厘米，有4～5片真叶，个别植株现蕾。根系发达，包被基质，从穴盘中拔出时不散坨，枝叶完整无损、无病虫害。

| 种子 | 出苗 | 苗期前 | 定植前 |
|---|---|---|---|
| 优质种子 | 健康出苗 | 子叶饱满 | 长势健康 |
| 正规厂家，品牌种子，包装正规，证号齐全，颗粒饱满 | 开始全面破土，除去地膜，防止高脚苗出现 | 控制湿度，过旱容易引发病毒病，过涝易沤根 | 低温炼苗，健壮植株，适应定植环境 |

3.**苗期管理** 番茄种子发芽的最适温度为25～30℃，温州地区9月播种要注意防止高温，待50%左右幼苗出土时，及时揭开地膜，适当通风降温，白天温度控制在20～25℃，夜间温度控制15～20℃。幼苗2～3片真叶时，选晴天用营养钵分苗。分苗20～30天后、幼苗8～9片真叶时定植，定植前7天应适时揭膜炼苗。育苗棚内要严防烟粉虱传播病毒，并注意防止幼苗徒长。

4.**定植** 选择排灌方便、土层深厚肥沃、保水保肥能力强、2～3年未种过茄科作物的地块，沙土或红黄壤土需多施有机肥和石灰改良土壤。越冬番茄生长期长，要施足基肥。南方多雨，宜采用深沟高畦定植，畦连沟宽1.6厘米，每畦2行，株距0.4厘米，每亩定植2 000株左右，建议选用银、黑双色地膜覆盖，具有避蚜、降温、除草等作用。定植前一天营养钵浇透水，选晴天边起苗边定植。

防虫网育苗防止烟粉虱传播病毒

起苗时基质不会散落

 用30目的防虫网可防止烟粉虱飞入，同时大棚四周及棚内要注意清洁，杂草要除尽。

推荐采用银灰膜作地膜覆盖，具有抑制杂草生长、驱避蚜虫、反光补光作用

铺膜前一定要整平畦面和畦沟，用宽2米的地膜即可把畦沟、畦面全覆盖，两张地膜接缝处宜在畦面，这种覆盖方式适用于无微灌设备的栽培条件，便于后期揭开地膜浇水施肥。

| 一畦两行模式 | 一畦一行模式 |

一畦两行模式
每畦地于两边种植2行，株距为40～50厘米

一畦一行模式
每畦地于畦中间种植1行，株距为20～25米

# PART 5
# 田间管理
TIANJIAN GUANLI

##  温度管理

应坚持前期保温、中期促温、后期控温的原则。

前期保温：定植后7天内密闭大棚，保温保湿，促进缓苗，保持棚内温度白天26～28℃，夜间18～20℃。

中期促温：越冬番茄早期开花结果正值寒冬，气温较低，可适当采用加温措施，一般采取三层覆盖，即大棚膜配套二道膜、地膜，保持棚内温度白天20～25℃，夜间13～17℃。

后期控温：翌年开春后温度逐渐升高，应及时通风换气，避免高温、高湿，防止病虫害的发生。

### 拓展阅读

**推广使用无纺布覆盖保温和预防冻害**

南部地区虽然冬季温暖，但每年12月下旬至翌年2月上旬，温度还是偏低，同时每年都有几次强冷空气及寒潮侵袭，温度会降到0℃以下，只用单层大棚膜覆盖，棚内番茄植株还是会受冻害。目前农户普遍采用棚内加一层薄膜保温，有时还会受轻度冻害。同时盖二层膜操作不是很方便，通风换气不好，棚内湿度过大，番茄植株很容易发生早疫病及晚疫病等病害。据研究实践发现，无纺布保温效果比薄膜好，单栋大棚外面加盖一层无纺布，早上揭去傍晚盖上，操作方便保温效果好，一般可增加棚内温度3～4℃。无纺布采用80～120克/米²的规格。无纺布也可用于棚内覆盖。无纺布可以吸

大棚外加盖无纺布

（续）

收水汽，降低棚内湿度，从而预防或减少植株病害发生，另外无纺布经久耐用，一般可用8年，如果用后妥善保管，防止暴晒，可连续使用10年以上，实际上的覆盖成本低于塑料薄膜。

## 水肥管理

番茄生育期内需水量大，要抓住关键时期适时浇水。

番茄生长前期土壤适当干旱能促进根系生长，但开花结果期要保持土壤湿润，土壤过干易引起脐腐病发生，故结果早期应灌水防旱；土壤湿度过大时，番茄果实易开裂，雨后要注意排涝，防止棚内积水。

定植后结合浇水追施稀薄农家有机液肥1次，促进幼苗生长。追肥应在第一、二穗果坐住后开始，追肥应少量多次结合浇水进行，当第二、三穗或第四、五穗果坐住时各施1次重肥，每亩施氮、磷、钾三元复合肥10～20千克，以提高后期产量。

## 搭架、整枝、打杈、摘心和疏花疏果

1. 搭架

当定植苗缓苗后，第一花序开花前，应及时进行搭架

"人"字形搭架方式

**2. 整枝** 整枝方式主要有两种：单干整枝、双干整枝

单干整枝

双干整枝

只留主枝，其余侧枝全部去除的整枝方式，较适合长季节栽培。

保留主枝以及主枝第一花序下的第一侧枝，其余侧枝全部去除的整枝方法，较适合短季节栽培或有限生长品种。

3.**打杈** 打杈是指番茄侧枝发生能力较强,去掉叶腋中长出的多余且无用的侧枝。打杈可减少养分消耗,以保证主干或结果枝的正常生长和开花结果。侧枝处在萌芽期就要及时打杈,以减少树体营养消耗。打杈不宜过早,过早会降低植株生长势,易衰老。只有当侧枝对周围叶片和花果产生障碍时,才可打杈。当然打杈也不能过晚,过度放任生长易引起徒长而

打 杈

造成田间群体郁闭。适时打杈有利于增强植株中位和下位叶片的光合作用,改善田间群体结构,使果实采收期集中,提高早熟性和产量。

4.**摘心** 即打顶,当所留结果枝达到一定果穗数及叶片数时,将顶端生长点摘除。有限生长型(自封顶生长类型)的品种不必摘心。

摘 心

适时适当摘心可控制植株高度、提高坐果率、促进果实发育。摘心应在花序上方留2～3片叶，这样既有利于果实生长，又可防止果实直接暴露在阳光下造成日灼。一般情况下留6档果即可摘心。

##  科学留果、及时摘除老叶

结合打杈、摘心，应进行疏花疏果，以保证植株有一定结果数量，可减少结果数过多而引起的营养不足，加快果实肥大，增加单果重，提高结果的整齐度，改善果实品质，提高商品性。番茄单株坐果数一般大果型品种每穗应留果3～4个，中果型品种应留果4～5个，小果型品种可留果5个以上，樱桃番茄不疏果。番茄栽培在花期应疏掉多余的花蕾及畸形花，坐果以后应疏掉果形不标准及病弱的果实，结合打杈、摘心应摘掉老叶、病叶，以改善植株下部的通风条件，并可减少病害的发生。要求穗穗能结果，每个果都能达到商品果的要求。

温 馨 提 示

一般每档留3～5个，最多不超过6个，多余的果实要在幼果期及早进行疏果。

及时摘去次品幼果

穗穗坐果，均匀坐果

及时摘除老叶

**拓展阅读**

　　在番茄果实转色期间，及时摘除下部的黄叶、老叶、病叶，主要是避免不必要的养分消耗，同时增加光照促进果实转色。但在高温强光的夏季，果实周围的叶片要少摘重养，这是因为这些叶片大部分是功能叶片，承担着光合作用的重要使命，是决定番茄品质和产量的关键，同时还能预防果实出现日灼，所以不宜贸然地全部摘除。特别是不能过量摘除，而应该适量摘除，以养为主，延缓叶片衰老，提高叶片功能。

 **植株调整**

　　温州地区目前生产上应用的大棚类型主要有6米标准大棚和现在推广的8米大棚，还有农民自制的竹木结构连栋塑料大棚和其他形式的单体大棚，其棚高都相对有限，因而采用斜蔓搭架为主。初次打杈可稍晚，以利根系生长，以后应尽早把侧枝、侧芽抹掉。第1穗果白熟期时，摘除该穗果以下叶片。生长后期还应及时摘除病叶，以利通风、减少病虫为害。根据品种不同，一般第1穗留4～5个果，以后每穗留3～4个果。

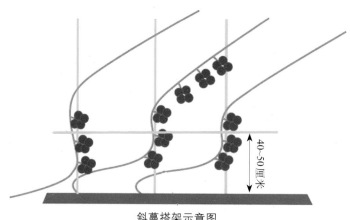

40～50厘米

斜蔓搭架示意图

斜蔓搭架

斜向式绑蔓，可增加坐果档次，有利于养分运输，便于田间操作与管理，有利于提高产量，也较适宜于浙南地区的棚型结构。

## 🍅 保花保果

番茄越冬栽培，在整个番茄开花结果期的前半期处在比较低的温度条件下，同时大棚内湿度较大，番茄的花粉不易自然散出授粉，故可采取晴天中午敲花或放养熊蜂辅助授粉的方法，以提高坐果率。

熊蜂授粉

#  科学覆盖和防寒

**地膜+小拱（中）棚膜+二道膜+大棚膜**

实景图

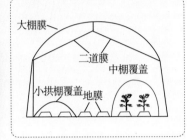

多层覆盖示意图

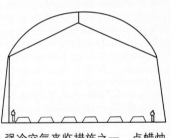

强冷空气来临措施之一：点蜡烛

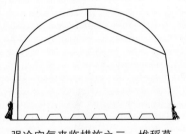

强冷空气来临措施之二：堆稻草

寒潮来袭，在多重覆盖基础上可采用棚外加盖稻草，棚内加燃煤炉等方式加温御寒。

# PART 6
## 田间管理关键点
TIANJIAN GUANLI GUANJIANDIAN

##  定植管理关键点

平整土地 → 施肥起垄 → 覆盖薄膜 → 定植栽培 → 及时补菌

创造生长环境，及时定植

定 植

1. **平整土地** 根据浇水方向南北高度相差10～15厘米。

2. **施肥起垄** 起垄并施用阿维菌型生物蛋白有机肥200～300千克/亩、动力钾20千克/亩。清除根系周围的虫卵，集中补充养分。

3. **覆盖薄膜** 覆盖银灰双色膜，银色面朝上，灰色面朝下。

4. **定植栽培** 为确保快速缓苗，每亩撒施肽素活蛋白15～20千克。选择晴天上午定植，促进快速缓苗。

5. **及时补菌** 每亩地冲施沃地宝5～8千克，补充有益菌，改良土壤，促进根系生长。

> 壳聚糖被誉为植物健康疫苗，它可以提高作物的抗逆性。植物生长复壮剂主要成分是壳聚糖。浇缓苗水时每亩冲施10升，可促进生根，快速缓苗，修复栽培过程中受伤的根系组织，提高抗逆能力。

##  开花初果期管理关键点

低温炼苗 → 浇水施肥 → 合理控长 → 及时吊蔓

调控长势、健壮幼苗、促进开花坐果

开花初果期正常长势

1. **低温炼苗** 白天棚温22 ～ 25℃，夜间棚温12 ～ 15℃。喷施植物生长复壮剂250 ～ 300倍液，愈丹（微量元素水溶肥料）300倍液，7 ～ 10天喷一次，连喷2 ～ 3次。

2. **浇水施肥** 第一穗果长到乒乓球大小时浇水施肥，每亩随水冲施肽素活蛋白20千克+动力钾10千克，浇水量不要过大。

3. **合理控长** 如果番茄出现徒长，小剂量喷施光合菌素。

4. **及时吊蔓** 为了防止番茄果实的不断膨大，可折断果柄减缓果实膨大，若影响产量应及时进行吊蔓。此外，要合理调整株距，增强通风，及时疏果。

📝 此阶段番茄易发生番茄猝倒病、立枯病、病毒病及斑潜蝇、白粉虱等病虫害，要注意防治。

## 🍅 结果期管理关键点

浇水施肥　→　加强通风　→　合理控长　→　整枝打杈

↓

促花膨果、预防病害、加强管理

结果期正常长势图

1. **浇水施肥** 番茄坐果后，每亩随水冲施肽素活蛋白或芽孢杆菌型肽素20千克+动力钾15千克。

2. **加强通风** 番茄进入结果期，温室或大棚内湿度逐渐增大，应加强通风，减轻温室或大棚内的湿度预防病害发生。

3. **合理控长** 温度降低，上草苫时，温差变化极大，番茄容易出现徒长，且易出现花芽分化不良而空行，应喷施光合菌素5 000倍液。

4. **整枝打杈** 枝杈长至10厘米时及时打去，去除病叶、黄叶，调整株距。

📝 此阶段番茄易发生番茄灰霉病、斑枯病、叶霉病、疫病及白粉虱、蚜虫等病虫害，应注意通风，加强管理。

## 🍅 冬季管理关键点

加强保温 → 增加光照 → 保根追肥 → 浇水施肥

↓

养根，保棵，促进高产、稳产

冬季正常长势图

1. **加强保温**　一苫三膜：草苫、棚膜、防雨膜、苫下保温膜。

2. **增加光照**　①早揭草苫，延长光照，吊挂反光幕，调整好光照角度。②连续阴天光照弱时，夜间用钠灯照明增加光照，提高温度。

3. **保根追肥**　在冬季最冷时节追肥，将肽素活蛋白稀释后灌浇根部，穴施动力钾30千克，有效追肥不伤根。

4. **浇水施肥**　冲施肽素系列，冬季地温降低，根系脆弱，严禁冲施化学肥料，选择晴天小水勤浇，随水冲施肽素活蛋白20～30千克/亩。

### 知识拓展

**冬季冲施肽素+沃地菌宝**

冬季冲施肽素活蛋白20～30千克/亩，应提前3～5天浸泡，每10千克加沃地菌宝1千克进行发酵（冬季地温较低，经沃地菌宝发酵后的肽素活蛋白吸收率提高30%以上，吸收速度也有所提升），产量可提高35%以上。

##  春季返棵期管理关键点

```
合理      →   水肥      →   降低
控温          管理          湿度

              ↓

快速返棵、提高产量、创造高产
```

返株正常长势图

1. **合理控温**　白天温度22～25℃，夜间温度15～18℃。调节好温差，避免夜温偏高出现徒长。

2. **水肥管理**　返棵第一水每亩施植物生长复壮剂10升配加15～20千克动力钾。返棵第二水每亩施肽素活蛋白20千克配加15千克动力钾。

3. **降低湿度**　在浇水后的短期之内还应该坚持二次通风，缩短叶面结露时间，控制病害发生。

①植保管理。此阶段容易发生番茄疫病、灰霉病、细菌性溃疡病、叶霉病等。②叶面施肥。叶面喷施愈丹、细胞分裂素、植物生长复壮剂。③根据实际情况选择使用不同功能的肽素。正常生长使用肽素基本型，易发生虫害冲施肽素阿维菌素型，新棚生土冲施肽素活蛋白型、土壤板结、盐渍化冲施肽素芽孢杆菌型。

## 春季盛果期管理关键点

```
放风      →   加强      →   预防
控温          肥水          早衰

              ↓

加强管理、创造高产
```

盛果期正常长势图

**1.放风控温**　白天温度25～28℃，夜间温度12～15℃。白天温度超过28℃生长缓慢，超过30℃生长基本停止，产量降低。

**2.水肥管理**

（1）冲肥原则。以动力钾为主，配加肽素活蛋白。

（2）小水勤浇，避免干旱。

**3.预防早衰**

**4.**连续喷施植物生长复壮剂，避免大量使用化学肥料或激素类肥料。

①植保管理。此阶段容易发生高温危害，更是各种害虫发生的高峰阶段，包括蚜虫、白粉虱、斑潜蝇等，解决虫害的途径：一是通过连续冲施肽素阿维菌素型杀灭土壤中的虫卵，二是提前喷药防治。②叶面施肥。叶面喷施果神3号，每10天施一次，促进开花结果。③控温管理要点。室外温度超过10℃停放草苫，打开棚前沿的底风口，撤反光幕。

## 🍅 生长后期管理关键点

遮光降温 → 水肥管理 → 加强植保

防治高温危害，防止死棵、早衰，保证产量

生长后期正常长势图

**1.遮光降温**　白天棚温超过28℃易出现落花现象，导致生长缓慢产量降低。如市场行情尚好应加盖遮阳网降温，确保最后的丰收。

**2.水肥管理**

（1）中后期每亩冲施肽素活蛋白10千克配加20千克动力钾。

（2）后期每亩冲施动力钾25～30千克。

**3.加强植保**　后期长势容易徒长，易发病害，要加强植保管理。

①植保管理。此阶段容易发生番茄疫病、叶霉病。主要虫害有白粉虱、蚜虫、斑潜蝇。②叶面施肥。叶面喷施动力钾可促进膨果，提高产量。③连续喷施植物生长复壮剂。植物生长复壮剂稀释150倍喷施，增强抗逆能力，抵抗高温危害。

# PART 7
# 精细的环境标准化管理

JINGXI DE HUANJING BIAOZHUNHUA GUANLI

# 温度、湿度管理

### 1.温度管理

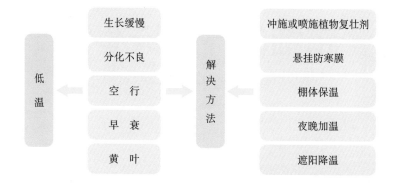

### 番茄温度管理列表

| 时期 | 白天温度（℃） | 夜间温度（℃） | 最低温度（℃） |
|---|---|---|---|
| 播种至出土 | 25 ~ 30 | 18 ~ 20 | 15 |
| 出土至分苗 | 20 ~ 35 | 13 ~ 14 | 12 |
| 分苗至缓苗 | 28 ~ 30 | 16 ~ 18 | 13 |
| 缓苗至炼苗 | 18 ~ 25 | 10 ~ 12 | 10 |
| 定植前5 ~ 7天 | 15 ~ 25 | 降到最低 | 降到最低 |
| 缓苗期 | 22 ~ 25 | 15 ~ 18 | 13 |
| 缓苗至开花 | 20 ~ 22 | 13 ~ 15 | 10 |
| 结果前期 | 22 ~ 25 | 10 ~ 13 | 10 |
| 冬季 | 20 ~ 22 | 10 ~ 15 | 8 |

（续）

| 时期 | 白天温度（℃） | 夜间温度（℃） | 最低温度（℃） |
|---|---|---|---|
| 返棵期 | 22 ～ 25 | 12 ～ 15 | 10 |
| 盛果期 | 22 ～ 28 | 12 ～ 15 | 10 |
| 生长后期 | 25 ～ 28 | 15 | 12 ～ 15 |

## 2. 温度管理

### 番茄湿度管理列表

| 生长期 | 湿度要求 | 湿 度 |
|---|---|---|
| 苗期 | 根系吸收弱，要求土壤湿度高 | 85% |
| 定植后 | 控水蹲苗 | 75% |
| 生长中期 | 降低温度，减轻病害 | 75% ～ 80% |
| 生长后期 | 小水勤浇，避免干旱 | 85% |

### 3.高温、高温障碍解决办法

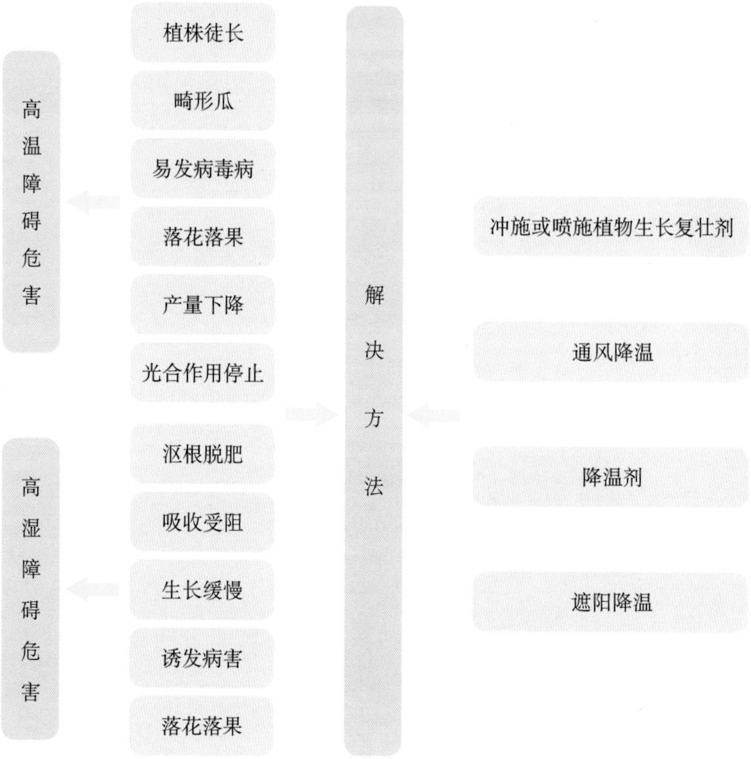

高温障碍危害

- 植株徒长
- 畸形瓜
- 易发病毒病
- 落花落果
- 产量下降
- 光合作用停止

高湿障碍危害

- 沤根脱肥
- 吸收受阻
- 生长缓慢
- 诱发病害
- 落花落果

→ 解决方法 ←

- 冲施或喷施植物生长复壮剂
- 通风降温
- 降温剂
- 遮阳降温

## 🍅 光照、气体管理

### 1.光照管理

番茄要求较强的光照强度，而越冬番茄在整个开花坐果期，光照强度和光照时间在一年中是最弱的。此阶段管理的重点是增加光照时间、增加光照强度、改善光照分布不匀。通过以下方法改善：一是膜应选用透光好的无滴膜，并注意及时清除膜上面吸附的灰尘。二是垂挂反光幕。三是草苫应早揭晚盖，注意阴天抢光照时间。在天气晴朗时，及时揭开大棚覆盖物，给番茄作物补光。一般上午9:00揭帘，下午4:00关帘为宜，以确保棚内番茄有足够的光照进行光合作用。即使遭遇阴雨天，也要利用中午温度较高时，让番茄见光至少1小时，防止光照不足对番茄的生长造成损害。

植物85%的物质形成来自光合作用

### 2. 气体管理

| 有害气体 | 氨气 | 叶片干枯 | 发酵生粪，控制氮肥 |
|---|---|---|---|
| | 亚硝酸气体 | 叶肉枯死 | 少用氮肥，调节酸度 |
| | 高浓度二氧化碳 | 抑制光合作用 | 合理补充，加强通风 |
| | 一氧化碳 | 叶片黄化 | 增温材料充分燃烧，加强通风 |
| | 乙烯气体 | 植株矮化 | 使用优质棚膜、地膜 |

## 🍅 精细的肥水标准化管理

### 1. 冬季浇水原则

要浇小水 → 上午浇水 → 看天浇水 → 看地浇水 → 浇水排湿

⬇

养根、保棵、确保价格高时产量高

严冬危害图

（1）要浇小水。坚持膜下小水暗灌，严禁大水漫灌，以免伤根。

（2）上午浇水。晴天早晨浇水，中午12：00后不要浇水。

（3）看天浇水。晴天适当浇水，阴天少浇水或不浇水，雨雪天切忌浇水。

（4）看地浇水。以地表见干见湿，土壤用手攥起不结块为好。

（5）浇水排湿。浇水后前两天内要在中午升温至28℃左右，闷棚1小时，提高棚内地温，然后排湿，降低湿度，以减少大棚菜病虫害发生。

**2．冬季冲肥原则**

（1）以高效有机冲施肥为主。

（2）严禁使用高氮或激素类肥料。

**3．标准化用肥方案（千克/亩）**

| 时间 | 操作要点 | 肽素 | 动力钾 | 复合肥料 | 微量元素肥 | 粪肥 | 阿维有机肥 |
|---|---|---|---|---|---|---|---|
| 8月中旬 | 基肥 | — | 40 | 125 | 20 | 10～15米³ | — |
| 8月中下旬 | 包沟 | — | 40 | — | — | — | 200～300 |
| 8月下旬 | 抓窝 | 20 | — | — | — | — | — |
| 9上旬月 | 缓苗水 | — | — | — | — | — | — |
| 9月中下旬 | 追肥 | — | 60 | — | — | — | — |
| 10月中下旬 | 第一次冲肥 | 20 | 10 | — | — | — | — |
| 11月上中旬 | 第二次冲肥 | 25 | 15 | — | — | — | — |
| 12月上旬 | 第三次冲肥 | 30 | — | — | — | — | — |
| 1月上旬 | 第四次冲肥 | 20 | 15 | — | — | — | — |
| 2月中旬 | 第五次冲肥 | 20 | 15 | — | — | — | — |
| 3月上中旬 | 第六次冲肥 | 20 | 15 | — | — | — | — |
| 4月中旬 | 第七次冲肥 | 15 | 20 | — | — | — | — |
| 5月上旬 | 第八次冲肥 | 15 | 20 | — | — | — | — |
| 5月下旬 | 第九次冲肥 | 10 | 30 | — | — | — | — |
| 6月上中旬 | 第十次冲肥 | — | 30 | — | — | — | — |

### 4．整个生长期浇水的间隔天数

| 生长期 | 间隔天数（天） | 注意事项 |
|---|---|---|
| 定植水 | — | 畦要平，水要足 |
| 缓苗水 | 7～10 | 若长势过旺，可缓浇 |
| 膨果第一水 | 20～25 | 第一穗果乒乓球大时随水带肥 |
| 膨果第二水 | 20 | 加量施肥，注意排湿 |
| 膨果第三水 | 20～25 | 看天浇水，水量要小 |
| 反棵水 | 25～30 | 小水浇，避免伤根 |
| 膨果第四水 | 20 | 勿大水漫灌 |
| 膨果第五水 | 15～20 | — |
| 膨果第六水 | 12～15 | 略微加大浇水量 |
| 膨果第七水 | 12～15 | — |
| 膨果第八水 | 12～15 | — |
| 膨果第九水 | 12～15 | — |
| 膨果第十水 | 10 | |

 间隔天数的多少因各地土壤以及气候变化而异。

### 5．滴灌施肥

（1）滴灌施肥装置。棚室番茄每垄铺设1～2条滴灌管，滴头朝上，滴头间距约30厘米。前端安装压差式施肥罐或文丘里施肥器以及网式过滤器。

（2）滴灌施肥方案。滴灌施肥要坚持少量多次的原则。定植后及时滴灌1次透水，水量20～25米³/亩，以利缓苗。苗期和开花期不灌水或滴灌1～2次，每次灌水6～10米³/亩，每次加肥3～5千克/亩。果实膨大期至采收期每隔5～10天滴灌1次，每次灌水6～12米³/亩，每次加肥4～6千克/亩；视番茄长势，可隔水加肥一次。拉秧前10～15天停止滴灌施肥。

（3）滴灌施肥操作。

①肥料选择。滴灌肥要求常温下溶于水，与其他肥料混合不产生沉淀，对滴灌系统腐蚀性较小。滴灌肥一般分自制肥和专用肥，自制肥可用尿素、硝酸钾、硝酸铵、磷酸二氢钾、白色粉状氯化钾等。建议使用滴灌专用肥，要求养分含量要高，含有中微量元素。氮、磷、钾比例前期约为1.2∶0.7∶1.1，中期约1.1∶0.5∶1.4，后期约1∶0.3∶1.7。

②施肥操作。先将肥料溶于水，充分搅拌后静置一段时间，然后将过滤后的肥液倒入施肥罐（桶）。一般在灌水20～30分钟后进行加肥，压差式施肥法加肥时间一般40～60分钟，防止施肥不均或不足。

移栽期：氮、磷、钾、钙、硼、铜、铁、锰、钼、锌

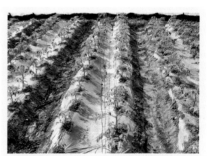

营养生长期：氮、磷、钾、钙、镁、硫、硼、铜、铁、锰、钼

开花坐果期：氮、磷、钾、钙、镁、硼、锌

盛果期：氮、磷、钾、钙、镁、硼、锌

③系统维护。每次施肥结束后继续滴灌20～30分钟，以冲洗管道。系统运行一个生长季后，应打开过滤器下部的排污阀放污，清洗过滤网。滴灌施肥3～5次后，要将滴灌管（带）末端打开进行冲洗。

**6.设施番茄微滴灌施肥方案**

| 生育期 | 灌溉次数 | 灌水定额（米³／亩·次） | 每次灌溉加入的纯养分量（千克／亩） | | | | 备注 |
|---|---|---|---|---|---|---|---|
| | | | 氮（N） | 磷（P₂O₅） | 钾（K₂O） | 氮、磷、钾三元素合肥（N+P₂O₅+K₂O） | |
| 定植前 | 1 | 20 | 12.0 | 12.0 | 12.0 | 36 | 沟灌 |
| 苗　期 | 1 | 8 | 3.6 | 2.3 | 2.3 | 8.2 | 微灌 |
| 开花期 | 1 | 9 | 3.0 | 1.8 | 3.0 | 7.8 | 微灌 |
| 采收期 | 13 | 10 | 2.9 | 0.7 | 4.3 | 7.9 | 微灌 |
| 合　计 | 16 | 167 | 50.5 | 23.8 | 64.6 | 138.9 | |

**7.滴灌施肥注意事项**

（1）肥料应选择滴灌专用肥或速溶性肥料。不能完全溶解的肥料，要先将化肥溶解于水，滤除未溶颗粒后再倒入施肥罐。

（2）系统正常运行（10～20分钟）后，开始向施肥罐内注肥。肥料注入量视作物需肥量而定，肥料浓度范围以4～200毫克／千克为宜。施肥量过大不仅浪费肥料，而且会引起系统堵塞。施肥后应保持灌溉20～30分钟。

（3）系统间隔运行一段时间，就应打开过滤器下部的排污阀放污，施肥罐底部的残渣要经常清理。

（4）每次运行，须在施肥完成后再停止灌溉。施肥是否完成，可以通过滴灌专用肥的颜色变化来确定，也可以通过滴头流出水样的电导来确定，当电导恢复灌溉水原值，说明施肥已经完成。

（5）灌溉施肥过程中，若发现供水中断，为防止含肥料的溶液倒流，应尽快关闭施肥罐进水管上的阀门。

（6）如果水中含钙镁盐溶液浓度过高，为防止长期灌溉生成钙质结核引起堵塞，可用33%的稀盐酸中和清除堵塞。

# PART 8
# 病虫害标准化管理

BINGCHONGHAI BIAOZHUNHUA GUANLI

## 病害基础知识

| | | | |
|---|---|---|---|
| 病害 | 非浸染性病害（生理性病害） | 缺素症 | 叶片黄化、坐果不良、裂果、着色不良等 |
| | | 多素症 | 元素不平衡，部分养分使用过量导致中毒 |
| | | 环境污染 | 氨气、二氧化硫、亚硝酸气体、酸雨危害等 |
| | | 药害或肥害 | 农药、化肥、除草剂、植物生长调节剂等使用不当造成 |
| | | 其他 | 畸形果、日灼、冻害、涝害、高温灼伤等 |
| | 侵染性病害（病理性病害） | 真菌性病害 | 80%的病害属于此类（霜霉病、灰霉病、蔓枯病、疫病、叶霉病等） |
| | | 细菌性病害 | 由细菌引起的病害，如叶枯病、溃疡病、软腐病等 |
| | | 病毒性病害 | 由病毒引起的病害，如番茄黄化曲叶病毒 |
| | | 线虫性病害 | 由线虫引起的病害 |

 ## 农药基础知识

### 1. 农药剂型

| | |
|---|---|
| 乳油（EC） | 是将农药原油或原粉溶解在一定量的有机溶剂中，再加入一定量的乳化剂混合加工而成的分布均匀、透明状的液体农药。是用水稀释后形成乳状液的均一液体药剂。乳油比较稳定，黏附性和渗透性强，有效期较长，可供喷雾、拌种、涂抹、土壤处理等 |
| 可湿性粉剂（WP） | 是将农药原药与填料、湿润剂混合后粉碎加工制成的粉状农药，加水配制成悬浮液使用，可用于喷雾、灌根等 |
| 水剂（AS） | 是将可溶于水的农药与可溶于水的填料混合粉碎直接溶于水加工成的药剂。水剂稳定性较差，长期贮存易分解失效，可用于喷雾 |
| 悬浮剂（SC） | 又叫胶悬剂，是由农药原药、载体和分散剂混合，在水或油中经多次研磨加工而成的一种胶状液体农药。其重油液悬浮剂专供超低容量喷雾用，水液悬浮剂可供各种喷雾使用。悬浮剂易产生沉淀，使用时应先摇匀 |
| 颗粒剂（GR） | 是将农药与载体混合加工而成的颗粒状农药制剂。颗粒剂一般具有药效持久、残效期长、使用方便、安全等优点，可用于撒施、穴施、灌心等 |
| 烟剂（FU） | 将农药与燃料、氧化剂、消燃剂混合制成的经点燃可生成大量药烟的农药制剂，主要用于防治温室、大棚、仓库等场所的病虫 |
| 其他制剂 | 微乳剂（ME）、水乳剂（EW）、水分散粒剂（WG）等 |

## 2. 内吸性杀菌剂

| | | | |
|---|---|---|---|
| 内吸性杀菌剂 | 有机磷类 | | 甲基立枯磷、三乙膦酸铝、乙磷钾 |
| | 苯并咪唑类 | | 多菌灵、苯菌灵、噻菌灵、甲基硫菌灵 |
| | 苯酰胺类 | | 甲霜灵、苯霜灵、噁霜灵、甲呋酰胺 |
| | 甲氧基丙烯酸酯类 | | 嘧菌酯、醚菌酯、吡唑醚菌酯 |
| | 甾醇生物合成抑制剂 | 咪唑类 | 咪鲜胺、抑霉唑 |
| | | 嘧啶类 | 乙嘧酚、嘧菌腙、氟苯、氯苯嘧啶醇、嘧菌醇、嘧霉胺、嘧菌环胺、嘧菌胺 |
| | | 吗啉类 | 十二环吗啉、十三吗啉、丁苯吗啉 |
| | | 三唑类 | 三唑酮、三唑醇、烯唑醇、联苯三唑醇、氟硅唑 |
| | | 吡啶类 | 氯啶菌酯、氟啶胺、啶酰菌胺、氟吡菌胺、氟吡菌酰胺 |

## 3. 保护性杀菌剂

| | | | |
|---|---|---|---|
| 保护性杀菌剂 | 无机化合物 | 铜制剂 | 碱式硫酸铜、王铜、氢氧化铜、氧化亚铜、波尔多液 |
| | | 无机硫杀菌剂 | 硫黄、石硫合剂 |
| | 有机化合物 | 有机硫杀菌剂 | 代森锰锌、福美双 |
| | | 取代苯类杀菌剂 | 五氯硝基苯、百菌清 |
| | | 二甲酰亚胺类 | 腐霉利、异菌脲、乙烯菌核利 |

## 4.农药混用知识

| 定义 | 即将两种以上的农药混合在一起实用的施药方法 |
|---|---|
| 目的 | 经济用药，节约成本，提高效果，减少抗性 |
| 原则 | 不影响药剂的化学性质，不破坏原有制剂良好的物理性状；不增大毒性，不减退药效；不降低对作物的安全性；既有增效作用，又降低毒性，还可提高作物安全性的配方是理想的配方 |
| 化学变化 | 有机合成农药中，大多数农药对碱性敏感，尤其是含有脂类结构的药剂，如有机磷酸酯、氨基甲酸酯等。所以一般有机合成农药不能与碱性农药混用，如波尔多液等<br><br>有些化学农药在酸性条件下会降低药效，甚至产生药害。纯度不高的敌百虫、久效磷、杀虫脒等，会因贮存时间较长酸性提高，因此，不宜对酸性敏感的多菌灵、萎锈灵、福美双以及代森锌等混用 |
| 物理变化 | 乳油与乳油间的混用一般不会出现物理性状的变坏，而乳油与可湿性粉剂等混用往往会出现破乳现象，使悬浮粒子凝聚而降低悬浮率 |

# 🍅 番茄生育期的主要病虫害

| 类别 | 育苗—定植 | 定植—初花期 | 结果期（秋） | 结果期（冬） | 结果期（春） |
|---|---|---|---|---|---|
| 病害 | 立枯病、猝倒病、早疫病、晚疫病、病毒病、根结线虫病 | 灰霉病、叶霉病…… | 疫霉菌根腐病、灰霉病、早疫病 | 灰霉病、叶霉病、早疫病、晚疫病、炭疽病、根腐病 | 灰霉病、晚疫病…… |
| 虫害 | 地下害虫、白粉虱 | 白粉虱、棉铃虫 | 白粉虱、棉铃虫 | 白粉虱 | 白粉虱、棉铃虫 |

# 番茄主要病虫害识别及防治

## 猝倒病

**发生时期/** 常发生在幼苗出土后、真叶尚未展开前。

**症状/** ①未出土时发病，胚茎和子叶腐烂。②幼苗发病，茎基部呈褐色病斑，后缢缩成线状，幼苗倒地死亡，死亡时子叶尚未凋萎，仍为绿色。③高温高湿时，病株附近的表土可长出一层白色棉絮状菌丝。

**防治方法/** ①种子处理，播前用52℃温水浸种20分钟，可杀死种子内外的大部分病菌。②土壤消毒。亩用50%福美双50克拌土20～25千克，沟施或穴施后播种。推荐产品：土洁、彩托。

**注意事项/** 猝倒病为番茄苗期的常发病害，种子带菌，土壤带菌，温、湿度适宜会发病。重点抓好土壤消毒和苗期水肥管理

猝倒病症状

## 立枯病

**发生时期/** 育苗至定植期间。

**症状/** ①病部缢缩，茎叶枯萎。②稍大幼苗白天萎蔫，夜间恢复。③当病斑绕茎一周时，幼苗死而不倒。④病部初生椭圆形暗绿色斑，具同心轮纹及淡褐色蛛丝状霉。

**防治方法/** ①66.5%霜霉威盐酸盐500倍液喷雾或泼浇防治猝倒病、立枯病。推荐产品：霜品、兆丰年霜霉威。②75%百菌清600倍喷雾。推荐产品：迅蓝达粒宁。

**注意事项/** 同猝倒病。

立枯病症状

# 沤根

发生时期/育苗—定植。

症状/①不长新根，幼根表面开始呈锈褐色，后逐渐腐烂。②地上部叶片生长迟缓，矮化，后萎蔫变黄，严重时植株枯死。③拔起可见根部腐烂，幼苗较易被拔起。

防治方法/①正确分析发生的原因，采用相应的防治措施，如松土、提高地温、促进新根生长等。②在植株仅有轻度萎蔫时，采用茎基部覆土，可起到促进新根发生的作用。

注意事项/沤根为生理性病害，病因比较复杂，过低、过高的温度、干旱，肥料未腐熟及水分过多等都可以引起沤根。

沤根症状

# 地下害虫

发生时期/育苗—定植。

症状/①主要在夜间出来危害。②咬食刚播入的蔬菜种子，或幼苗的根系、子叶及嫩茎，造成出苗不齐或咬伤幼苗，加重病害传染，严重影响秧苗的培育。

防治方法/①5.7%百树菊酯微乳剂800～1 000倍液地面喷雾。推荐产品：龙百树。②40%毒死蜱1 500倍液浇灌床土。推荐产品：格达。③毒死蜱或敌百虫配制毒土与床土拌匀消毒处理。推荐产品：骠锐。

注意事项/傍晚时用药，效果更佳。

地下害虫

# 早疫病

发生时期/育苗—定植。

症状/叶、茎、果均可染病。①叶片呈黑褐色斑，具同心轮纹。潮湿条件下，长出黑色霉状物。②病害由下向上发展，严重时植株下部枝叶全部枯死。③茎和叶柄染病，呈褐色椭圆形斑，稍凹陷，具同心轮纹，致植株从病部折断。(以上描述症状不含果期)

防治方法/苗期防治很重要。①定植时剔除病苗，提倡带药定植。②田间防治每7～10天1次，防治3～4次。常用药剂有80%代森锰锌可湿性粉剂800～1 000倍液、75%百菌清可湿性粉剂1 000倍液喷雾预防。推荐产品：新猛生、纯白达粒宁。

早疫病症状

# 晚疫病

**发生时期/**育苗—定植。

**症状/**番茄苗期、成株期均可染病。苗期染病。多在苗棚南边靠边部位。①植株上部嫩叶出现暗绿色水渍状斑，叶柄部或茎上部出现水渍状褐色腐烂，病部缢缩易折倒。②潮湿时病部长出稀疏的白色霉状物。以上描述症状不含果期。

**防治方法/**当田间发现中心病株时，要及时喷药防治。药后闭棚增温，可提高防治效果。药剂有霜霉威、甲霜灵、恶霜灵、50%烯酰吗啉水分散粒剂 1 500 倍液。推荐产品：霜品、健苗、好润根。

**注意事项/**番茄毁灭性病害。

叶脉褐色

晚疫病症状

## 病毒病

发生时期/育苗—定植。

症状/田间症状主要有以下3种：①花叶型，叶片显黄绿相间或深浅相间的斑驳、或略有皱缩现象。②蕨叶型。植株矮化、上部叶片成线状、中下部叶片微卷，花冠增大成巨花。③条斑型。叶片呈褐色斑或云斑、或茎蔓发生褐色斑块，变色部分仅处在表皮组织。

防治方法/①定植前用高含量吡虫啉、啶虫脒灌根；②发病初期，吗啉胍乙酸铜20克+啶虫脒+叶面肥喷雾。推荐产品：康卷+刺龙。

注意事项/番茄毁灭性病害，高温、干旱、强光、蚜虫多时利其发生。

病毒病症状

## 根结线虫

发生时期/育苗—定植。

症状/主要发生在根部的须根或侧根上。①病部产生肥仲畸形瘤状结，解剖根结有很小的乳白色线虫埋于其内。②地上部症状不明显，重病株矮小，生育不良结实小，干旱中午萎蔫或提早枯死。

防治方法/①定植前每平方来用2%阿维菌素1毫升，稀释2 000～3 000倍液喷雾。推荐产品：晶贵、一线歼。②定植缓苗后可用2%阿维菌素乳油400～600倍液根部穴浇，或1 000毫升/亩随水浇灌。推荐产品：精欣、晶贵。

根结线虫症状

# 白粉虱

发生时期/育苗—定植。

症状/①以成虫和若虫吸食植物汁液，使被害叶片褪绿、变黄、萎蔫。②分泌蜜露，引起煤污病。③传播病毒病。

防治方法/①定植前用高含量吡虫啉或啶虫脒，苗床灌根，对白粉虱防效长达20天以上。②严重发生时，用高含量啶虫脒或其复配制剂喷雾，7~10天一次。推荐产品：专刺套装、刺龙。

注意事项/为害时间长。

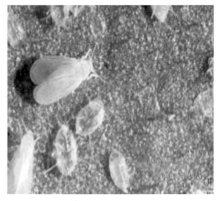

白粉虱成虫和若虫

# 灰霉病

发生时期/定植—初花期。

症状/该病在苗期、成株期都有发生。①苗期染病，多从苗的上部或曾经受伤害(包括机械伤、冻伤等)部位开始。②病部灰褐色、腐烂，表面密生灰色霉层。③病斑由开败的花萼处或花托部位侵入，渐向果实发展，使果实蒂部呈水渍状灰白色软腐，并产生灰色霉层。以上描述症状不含果期。

防治方法/①定植后半月左右，喷施一次百菌清。②番茄蘸花时加异菌脲，预防灰霉效果好。也可在花期喷洒255克/升异菌脲悬浮剂500倍液。③其他药剂：嘧霉胺、腐霉利等。推荐产品：妙净、妙净套装、美清乐。

注意事项/灰霉病应抓好花期和果实膨大期两个生育期防治。

灰霉病症状

# 叶霉病

发生时期/定植—初花期。

症状/可为害番茄的叶片、茎、果实各部位，以叶片受害最常见。①叶背呈圆形或近圆形淡黄色斑，有浅白色霉层，随病情发展呈棕褐色霉层，正面褪绿。②病斑多时，互连成片，叶片褪绿枯死，严重时叶正面也会出现棕褐色霉层。③果实病部呈黑褐色斑块、凹陷、硬化。

防治方法/发病初期可选用异菌脲、苯醚甲环唑、氟硅唑等喷雾。推荐产品：斑星、卓美。

注意事项/防治叶霉病可以防止番茄植株早衰，同时需注意，结果期也会发病。

叶霉病症状

# 棉铃虫

**发生时期/**定植—初花期。

**症状/**①蛀食成熟果实果肉，常因蛀孔在降水或喷灌进水后溃烂。②幼果先被蛀食，然后逐步被掏空。③幼蕾受害后，萼片张开，进而变黄脱落。④蚕食部分幼芽、幼叶和嫩茎，常使嫩茎折断。

**防治方法/**在棉铃虫的产卵期及三龄前的幼虫期用药，可选药剂有2.5%功夫1 500倍液、2.5%甲维盐1 000～1 500倍液、5%甲维盐高氯1 000～15 00倍液。推荐产品：爱攻Z1、优钻Z1。

**注意事项/**入果前为棉铃虫防治重要时期

棉铃虫幼虫、成虫及被害状

# 附　　录
FULU

# 番茄上禁止使用的农药

甲胺磷、甲基对硫磷、对硫磷、久效磷、磷胺、六六六、滴滴涕、毒杀芬、二溴氯丙烷、杀虫脒、二溴乙烷、除草醚、艾氏剂、狄氏剂、汞制剂、砷类、铅类、敌枯双、氟乙酰胺、甘氟、毒鼠强、氟乙酸钠、毒鼠硅、苯线磷、地虫硫磷、甲基硫环磷、磷化钙、磷化镁、磷化锌、硫线磷、蝇毒磷、治螟磷、特丁硫磷、氯磺隆、福美胂、福美甲胂、氯丹、灭蚁灵、六氯苯、胺苯磺隆、甲磺隆、百草枯水剂、甲拌磷、甲基异柳磷、内吸磷、克百威、涕灭威、灭线磷、硫环磷、氯唑磷、水胺硫磷、灭多威、氧乐果、硫丹、杀扑磷、毒死蜱、三唑磷、三氯杀螨醇。

其中，溴甲烷、氯化苦只能用于土壤熏蒸。

### 仔细阅读农药标签

农民朋友在购买农药时，要认真查看贴在农药上的标签，包括名称、含量、剂型、三证号、生产单位、生产日期、农药类型、容量和重量、毒性标识等。为了安全生产以及您的健康，请认真阅读标签，按照标签上的使用说明科学合理地使用农药。

# 番茄分级标准

| 等级 | 品质要求 | 规格参数 | 限度 |
|---|---|---|---|
| 一等 | 1.果形、色泽良好，果皮光滑、新鲜、清洁、硬实，成熟度适宜，整齐度高；<br>2.无烂果、过熟、日伤、褪色斑、疤痕、霉伤、冻伤、皱缩、空腔果、畸形果、裂果、病虫害及机械伤 | 1.特大果：单果重≥200克；<br>2.大果：单果重150～199克；<br>3.中果：单果重100～149克；<br>4.小果：单果重50～99克；<br>5.特小果：单果重＜50克 | 品质两项不合格个数之和不得超过5%，其中软果和烂果之和不得超过1%；<br>规格不合格个数不得超过10% |
| 二等 | 1.果形、色泽较好，果皮较光滑、新鲜、清洁、硬实，成熟度适宜，整齐度尚高；<br>2.无烂果、过熟、日伤、褪色斑、疤痕、霉伤、冻伤、皱缩、空腔畸形果、裂果、病虫害及机械伤 | 1.大果：单果重≥150克；<br>2.中果：单果重100～149克；<br>3.小果：单果重50～99克；<br>4.特小果：单果重＜50克 | 品质两项不合格个数之和不得超过10%，其中软果和烂果之和不得超过1%；<br>规格不合格个数不得超过10% |
| 三等 | 1.果形、色泽尚好，果皮清洁、不软、成熟度适宜；<br>2.无烂果、过熟、无严重日伤、大疤痕、畸形果、裂果、病虫害及机械伤 | 1.大中果：单果重≥100克；<br>2.小果：单果重50～99克；<br>3.特小果：单果重＜50克 | 品质两项不合格个数之和不得超过10%，其中软果和烂果之和不得超过1%；<br>规格不合格个数不得超过10% |

# 番茄嫁接育苗技术模式

| 项目 | 播种 | 小苗苗床管理 | 嫁接 |
|---|---|---|---|
| 操作要点 | 1.嫁接育苗一般用穴盘育苗，育苗基质可自己调配，也可直接购买商品育苗基质。自己调配基质时要防止基质带菌<br>2.嫁接育苗要求嫁接的每盘砧木苗和接穗苗整齐一致，方便操作。为达到目的，可采用分段育苗，先用方盘播种，出苗后再按大小移入穴盘培育 | 嫁接前番茄苗的质量对嫁接成活率的影响很大。嫁接前小苗的管理主要是防止番茄苗徒长，具体可通过调控温度、湿度、通风或化控使番茄苗健壮 | 1.采用针接法，嫁接前二天番茄苗喷一遍杀菌剂，嫁接前一天给番茄苗浇足水分<br>2.用木工蚊钉将接穗和砧木接起来，嫁接时一般按接穗2.5真叶左右，砧木3～3.5片真叶宜。选砧木苗与接穗苗粗细一的幼苗，注意砧木和接穗的切对严，并保持嫁接苗呈直线状 |
| 设施要求 | 1.要求建有夏天能降温、冬天能加温的育苗连栋大棚<br>2.配套催芽室、嫁接操作台、育苗床架、穴盘及番茄嫁接苗运输设备等 | | |
| 砧木选择 | 1.选择亲和性和抗病性强的砧木，根据需要有针对性地选择<br>2.原则上春茬、越夏、秋茬应选用抗番茄青枯病、枯萎病能力强的砧木，越冬茬、早春茬则应 | | |

| 病虫防治 | 猝倒病立枯病 | 灰霉病 | 早疫病 | 晚疫病 |
|---|---|---|---|---|
| | 64%噁霜·锰锌500倍液或72.2%霜霉威水剂800倍液喷雾 | 50%腐霉利可湿性粉剂1500倍液、65%硫菌·霉威可湿性粉剂800～1500倍液、50%乙烯菌核利可湿性粉剂1000倍液或2%武夷菌素水剂100倍液喷雾 | 70%代森锰锌可湿性粉剂500倍液喷雾、75%百菌清可湿性粉剂600倍液喷雾、47%春雷·王铜可湿性粉剂800～1000倍液喷雾或58%甲霜灵·锰锌可湿性粉剂500倍液喷雾 | 40%乙磷锌可湿性粉300倍液、64%霜·锰锌可湿粉剂500倍72.2%霜霉威剂800倍液 |

| 嫁接苗管理 | 壮苗标准 |
|---|---|
| 嫁接苗的最适生长温度为25℃，温度低于20℃或高于30℃不利于接口愈合，影响成活率。嫁接后育苗场所要封闭保湿，嫁接苗嫁接前要充分浇水，保证嫁接后3～5天内空气湿度为99%。嫁接后2～3天可不进行通风，第3天以后选择温暖且空气湿度较高的傍晚和清晨通风，每天通风1～2次，6～7天后进入正常管理 | 1.冬季和早春　苗龄70～80天，苗高20厘米左右，茎粗0.5厘米以上，且上下尖削度小，节间短，节间长基本相等。具有子叶和5～6片真叶，叶片肥厚，叶色浓绿，不带病原菌和虫害<br>2.夏秋　苗龄35～45天，苗高15～20厘米，茎粗0.4厘米以上，4～5片真叶 |

用抗番茄根腐病能力强的砧木。常用的有浙砧1号、健壮系列砧木等

| 叶霉病 | 溃疡病 | 病毒病 | 蚜虫 |
|---|---|---|---|
| %武夷菌素水50倍液、47%春王铜可湿性粉剂倍或1：1：200波液喷雾 | 77%氢氧化铜可湿性粉剂500倍液、1：1：200波尔多液或72%农用链霉素可溶性粉剂4 000倍液喷雾 | 苗期、缓苗后，用10%混合脂肪酸100倍液喷一次，20%吗胍·乙酸铜500倍液喷雾 | 2.5%溴氰菊酯乳油2 000～3 000倍液、1.8%藜芦碱水剂800倍液或10%吡虫啉可湿性粉剂2 000～3 000倍液喷雾 |

# 番茄全程标准

| 目标产量 | 5 000～5 500千克/亩 | | | | |
|---|---|---|---|---|---|
| 栽植指标 | 9月初播种，10月上旬移栽，或者1月中旬播种，3月初移栽，1 800～2 000株/亩 | | | | |
| 田块选择 | 地势平坦，排灌方便，土层深厚，土壤肥力较高地块，轮作的地块 | | | | |

| 物候期 | 7月至9月初 | 9月上旬 | 9月中旬至10月上旬 | 10月中旬 | 10月下旬至1月中下旬 |
|---|---|---|---|---|---|
| | 播种前期 | 播种期 | 苗期 | 定植期 | 开花结果初期 |
| |  | |  |  | |
| 操作要点 | 大棚使用生石灰进行土壤消毒，在高温天气闷棚10天左右，准备种子、肥料等农资 | 采用穴盘育苗，选用50孔或者72孔苗盘，基质使用市售番茄育苗专用基质，覆盖料一律用蛭石 | 发现出苗及时去除地膜，出苗后及时加大通风，降低温度，底水要浇足，苗期浇水见干见湿，定植前8～10天进行低温炼苗。9月底施足基肥，基肥亩施充分腐熟有机肥1 500千克，过磷酸钙50～80千克，动力钾20千克/亩 | 浇足低水，起垄，覆盖薄膜，选择晴天上午定植，促进快速缓苗。每亩地冲施沃地宝5～8千克补充有益菌，改良土壤，促进根系生长 | 第一穗果长到乒乓球大小时，浇水施肥促瓜膨大，随水每亩冲施肽素活蛋白20千克+动力钾千克，浇水量不要过大。及时吊蔓并合及时疏花疏果 |

| 主要病虫害防治 | 灰霉病 | | 青枯病 | | |
|---|---|---|---|---|---|
| | ①及时摘除病叶、病果。②与非寄主植物轮作，苗期不可与生菜等寄主蔬菜间（套）作。③注意通风透气，控制棚室内的温、湿度。④高温闷棚消毒。⑤发病初期使用农药进行防治。50%乙烯菌核利可湿性粉剂1 000倍液喷雾、10%速克灵烟剂250克熏蒸或50%扑海因可湿性粉剂1 000～1 500倍液喷雾 | | ①与十字花科或禾本科作物进行4年以上轮作，结合整地撒施适量的石灰。②采用高畦栽植，定植不宜过深。③适当增施氮肥和钾肥。④发病初期使用农药进行防治。预防性灌根，选用农药有3%克菌康可湿性粉剂1 000倍液喷雾、灌根，72%农用链霉素可溶性粉剂4 000倍液灌根或12%绿乳铜乳油500倍液灌根 | | |

| 肥料使用建议 | 基肥：亩施施充分腐熟栏肥1 500千克，过磷酸钙50～80千克，动力钾20千克 结果初期肥：第一穗果长到乒乓球大小时浇水施肥，随水每亩冲施肽素活蛋白20千克 结果中后期肥：每隔半月冲肥，以动力钾为主，配加肽素活蛋白 | | | | |

# 生产技术模式

| 2月上旬至翌年1月上旬 | 1月中旬至2月上旬 | 2月中旬至下旬 | 3月上旬 | 5月 | 分级包装 |
|---|---|---|---|---|---|
| 结果期 | 冬季管理期 | 春季返棵期 | 春季盛果期 | 生长后期 | |

| 每亩地随水冲肽素活蛋白或芽孢杆菌型肽素0千克+动力钾5千克。加强通风减轻温室内的湿度预防病害发生。枝杈长至10厘米时及时打去，摘除病叶、黄叶，调整株距 | 加强保温，增加光照，冬季地温降低，根系脆弱，严禁冲施化学肥料，选择晴天小水浇水，随水冲施肽素活蛋白20～30千克/亩 | 返棵第一水：每亩植物生长复壮剂10升配加15～20千克蔬乐丰。返棵第二水：每亩施肽素系列20千克配加15千克动力钾。并加强通风，控制温度 | 冲肥以动力钾为主，配加肽素活蛋白。小水勤浇，避免干旱。连续喷施植物生长复壮剂 | 遮光降温，中后期每亩冲施肽素系列10千克配加20千克动力钾。加强植保管理 | 8成熟采收，分级包装 |

| 病毒病 | 细菌性髓部坏死病 | 潜叶蝇 |
|---|---|---|
| ①温汤浸种。②多施磷、钾肥，加以微量元素。③黄板诱蚜。④银黑双色膜覆盖。⑤对早发病的病株及时清除并带出田外销毁。⑥发病初期用药。20%病毒A可湿性粉剂500倍液喷雾、1.5%植病灵乳剂1 000倍液喷雾 | ①与非茄科蔬菜轮作2～3年。②增施磷、钾肥。采取高畦地膜覆盖栽培。③雨后要及时排水，防止田间积水。④避免在阴雨天气整枝打杈。⑤发现病株及时拔除，在田外深埋或烧毁。⑥发病初期及时用药 | ①清除地上部位的枯叶、枯鞘，消灭越冬虫源。②越冬卵大部分孵化或低龄若虫时进行施药处理。可用75%灭蝇胺可湿性粉剂6～10克喷雾、52%农地乐乳油50～100毫升喷雾、40.7%毒死蜱乳油50～75毫升喷雾 |

力钾10千克

我的田间笔记

我的田间笔记

我的田间笔记

我的田间笔记

我的田间笔记

**图书在版编目（CIP）数据**

图解越冬番茄生产管理 / 张海利，孙娟著．—北京：中国农业出版社，2020.1
（专业园艺师的不败指南）
ISBN 978-7-109-26376-5

Ⅰ．①图… Ⅱ．①张… ②孙… Ⅲ．①番茄-蔬菜园艺-图解 Ⅳ．①S641.2-64

中国版本图书馆CIP数据核字（2019）第293724号

---

中国农业出版社出版
地址：北京市朝阳区麦子店街18号楼
邮编：100125
责任编辑：郭晨茜　国　圆　孟令洋
责任校对：吴丽婷
印刷：北京缤索印刷有限公司
版次：2020年1月第1版
印次：2020年1月北京第1次印刷
发行：新华书店北京发行所
开本：880mm×1230mm　1/32
印张：3
字数：85千字
定价：20.00元

---